RÉPUBLIQUE FRANÇAISE

MINISTÈRE DE L'AGRICULTURE

ADMINISTRATION DES EAUX ET FORÊTS

EXPOSITION UNIVERSELLE INTERNATIONALE DE 1900
À PARIS

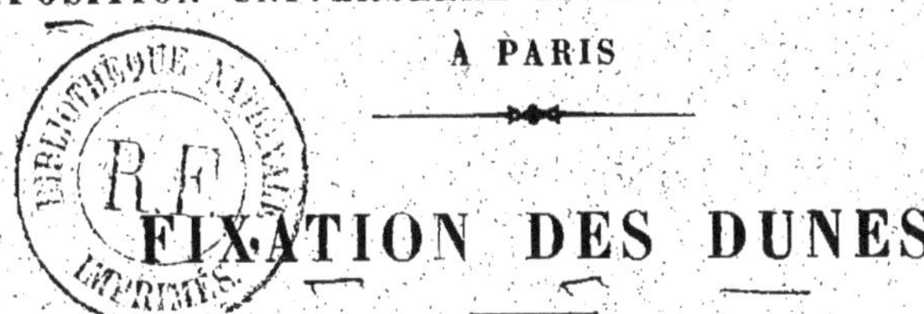

FIXATION DES DUNES

LES PAYSAGES DES DUNES
ET
LES TRAVAUX DE DÉFENSE CONTRE L'OCÉAN

(CHARENTE-INFÉRIEURE ET VENDÉE)

PAR M. A. LAFOND

INSPECTEUR ADJOINT DES EAUX ET FORÊTS, CHEF DE SERVICE

PARIS

IMPRIMERIE NATIONALE

MDCCCC

FIXATION DES DUNES

LES PAYSAGES DES DUNES

ET

LES TRAVAUX DE DÉFENSE CONTRE L'OCÉAN

(CHARENTE-INFÉRIEURE ET VENDÉE)

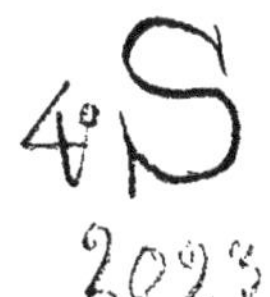

RÉPUBLIQUE FRANÇAISE

MINISTÈRE DE L'AGRICULTURE

ADMINISTRATION DES EAUX ET FORÊTS

EXPOSITION UNIVERSELLE INTERNATIONALE DE 1900

À PARIS

FIXATION DES DUNES

LES PAYSAGES DES DUNES ET LES TRAVAUX DE DÉFENSE CONTRE L'OCÉAN

(CHARENTE-INFÉRIEURE ET VENDÉE)

PAR M. A. LAFOND

INSPECTEUR ADJOINT DES EAUX ET FORÊTS, CHEF DE SERVICE

PARIS

IMPRIMERIE NATIONALE

MDCCCC

FIXATION DES DUNES.

LES PAYSAGES DES DUNES.

NOTICE.

Les dunes de la Charente-Inférieure s'étendent depuis le fort de Suzac, situé entre Meschers et Saint-Georges-de-Didonne, sur la rive droite de l'embouchure de la Gironde, jusqu'à la Seudre, sur 40 kilomètres environ de rivage. Il en existe aussi dans les îles de Ré et d'Oléron. Toutes sont fixées et presque complètement boisées.

Le massif le plus important appartient à l'État; c'est celui de la Coubre; il se développe sur 27 kilomètres de côte et couvre 5,280 hectares; nous nous en occuperons exclusivement dans ce qui suit.

Lorsque intervint le décret de 1810 relatif à la fixation des dunes, l'aspect de cette région était bien différent de ce qu'il est actuellement; il est même difficile de se faire une idée exacte de l'impression que l'on devait ressentir, quand autrefois on parcourait les contrées envahies par les sables. Brémontier, dans son Mémoire sur les dunes (thermidor an v), nous paraît l'avoir parfaitement dépeinte en quelques lignes : « Cette immense surface, qui pourrait être comparée à celle d'une mer en fureur dont les flots élevés seraient subitement fixés dans le fort d'une tempête, n'offre aux yeux qu'une blancheur qui les blesse, une perspective monotone, un terrain montueux et nu, et enfin un désert effrayant. »

Le mouvement de progression, lent il est vrai mais continu, des sables vers l'intérieur des terres était une cause de danger pour les habitants, qui suivaient avec anxiété la marche des dunes mouvantes. Cette masse énorme envahissait insensiblement des cultures, des habitations isolées, des villages entiers.

Déjà le fléau avait englouti l'ancienne paroisse de Notre-Dame de Buze, en s'avançant sur les villages des Mathes et de Saint-Augustin, et au nord il menaçait de ruiner le pays en comblant l'embouchure de la Seudre; ce bras de mer, en effet, fournit d'eau toute la saline et tous les parcs à huîtres de la contrée. « Les montagnes marchent en Arvert », disaient les paysans terrifiés, qui craignaient plus cette houle silencieuse que les bruyantes colères de l'Océan.

Aussi fût-ce un soulagement quand ils connurent les premiers succès des Ponts et Chaussées, qui s'étaient pris corps à corps avec l'invasion.

Commencés dans un isolement de désert, en 1824, alors qu'on n'avait aucune voie pour les transports dans un rayon de plusieurs lieues, les travaux de fixation des dunes furent une entreprise gigantesque qui coûta cinq millions. Les Ponts et Chaussées s'y donnèrent jusqu'en 1862 avec une active ténacité, et ensemencèrent 1,810 hectares environ; l'Administration des eaux et forêts, qui prit à cette époque le service en mains, se montra à son tour à la hauteur de sa mission, reboisa 3,470 hectares et acheva de remettre le pays en possession de soi-même.

Avant ces travaux, on pénétrait difficilement dans ce désert presque sans accès qui commençait à 8 kilomètres de Royan et s'étendait jusqu'à la Tremblade. On rappelait les équipages naufragés qu'il avait vus mourir de faim, et on parlait tout bas des caravanes enfouies dans ses fondrières. Mais aujourd'hui, grâce au tramway que le service des eaux et forêts a établi dans les dunes, les excursionnistes ont les facilités les plus grandes pour visiter dans sa tragique étendue cette côte sauvage où la mer est belle pendant l'été comme une mer d'hiver.

Le tramway de la Coubre part de l'ancien fort situé à la Grande-Côte, et, après un trajet de 24 kilomètres, mène droit à ce fameux pertuis de Maumusson, d'où sont sorties tant de légendes.

Les wagonnets, traînés par des chevaux, sont des véhicules à ciel ouvert d'un confortable primitif, mais bien dans la note agreste du paysage.

Dès qu'on a pris place sur leurs banquettes, on roule sous des tunnels de verdure et on aspire à pleine poitrine les âpres senteurs de la flore des dunes.

On arrive bientôt vis-à-vis de la maison forestière de la Palmyre, à proximité du phare du même nom aujourd'hui éteint. Le bourg de Saint-Augustin, qui a donné son nom à cette partie de la forêt, se trouve non loin, à l'est.

La ligne traverse des massifs de pins maritimes, sans une courbe, aussi loin que la vue peut s'étendre, et pénètre bientôt dans les jeunes semis, étalant leurs bandes dans les parties reboisées récemment.

Plus loin, au Bréjat, l'horizon s'élargit; une violente bouffée d'air salin fouette le visage avec une poussière d'embrun.

Vers l'ouest, on se trouve en présence de l'Océan, immense et formidable, qui précipite ses flots sur la Barre-à-l'Anglais comme des charges de cavalerie.

Vers le nord et l'est, c'est une note plus sauvage encore, quelque chose comme une grandiose impression de solitude qui s'ajoute à cette vision d'immensité. Des dunes noires de pins maritimes emplissent l'horizon de leurs masses énormes pareilles à des monstres barrant la route. Elles se succèdent à perte de vue, formant des chaînes séparées par des gorges profondes; ici les Brisquettes surmontées de balises, là le Gardour, point culminant des dunes, à 70 mètres d'altitude, portant à son sommet une tour en maçonnerie qui sert d'amer aux navigateurs; puis la dune littorale du Requin, qui doit son nom à sa forme, semblable à quelque squale gigantesque échoué sur le rivage, et celle du

Volcan, ainsi nommée parce qu'autrefois les sables de son faîte, soulevés par les vents, s'élançaient comme une aveuglante fumée.

A gauche, se développe la baie de Bonne-Anse, qui va de la pointe de la Palmyre à celle de la Coubre, et où cette sardine délicieuse, bien connue sous le nom de Royan, arrive, presque à jour fixe, tous les printemps.

Le tramway longe la baie de Bonne-Anse en passant sur une digue qui empêche les flots d'envahir le marais du Bréjat, sans cesse menacé par les empiètements de la mer.

La voie ferrée s'enfonce ensuite dans la forêt de la Coubre, qui forme le massif central, et arrive à la maison forestière de Bonne-Anse, à moitié cachée au bout d'une allée de fusains.

Le sémaphore est à 400 ou 500 mètres, dominant les flots. On y jouit d'une vue splendide sur le littoral, depuis la pointe de la Palmyre jusqu'à celle de la Coubre. Les dunes du Volcan et du Requin sont tout près, à pic sur l'extrême limite de la côte. Tout près aussi gisent les restes d'une batterie, autrefois baignée par l'Océan, et qui en est distante aujourd'hui de 300 mètres environ. En 1870, on voulut diriger sur une place forte les cinq pièces d'artillerie couchées dans le sable, mais on y renonça devant les difficultés du transport, chacune pesant près de 5,000 kilogrammes; l'une de ces pièces date de 1828 et a été fondue à Ruelle.

Après le poste de Bonne-Anse, le tramway s'infléchit sur la droite, comme la côte elle-même, et les dunes s'écartent autour d'un golfe conquis sur la mer, où l'on trouve des cultures de vignes et une fraîcheur de prairie. Des aunes et des peupliers se déroulent sur deux lignes ombrageant la voie ferrée. C'est le Barachois, large à cet endroit de 1,200 mètres, mais qui se rétrécit en remontant vers son origine dans le nord. Cette lède marécageuse, longue de deux lieues, est desséchée par un canal de 5 kilomètres de développement, et ses eaux sont conduites à la mer par un aqueduc passant sous la dune littorale, près de la maison de

Bonne-Anse. Au XVIIIe siècle, l'Océan couvrait encore cette vallée, qui était une passe profonde pratiquée par les navires.

A une demi-lieue dans l'ouest s'élève le phare électrique de la Coubre, d'un système nouveau appelé *feu-éclair;* il a été édifié en 1895 et, après le phare breton d'Eckmühl, élevé depuis, il est le plus puissant de France; ses éclairs ont été aperçus en mer à près de 50 milles.

Longeant le canal à travers une végétation luxuriante qui contraste avec la sécheresse des dunes, on arrive ensuite par un embranchement à la Bouverie, centre de l'exploitation forestière de tout le massif de la Coubre. Là sont les hangars principaux servant de remises aux wagons et au matériel, l'atelier d'injection des bois, les locaux affectés aux adjudicataires des transports, des vignes et des coupes de bois, aux fermiers de la chasse et aussi aux ouvriers employés par le Service des eaux et forêts pour les travaux en régie durant presque toute l'année.

A 200 mètres dans les pins se trouve la maison forestière du Pavillon, assise coquettement sur une dune tronquée dominant les environs. Un jardin d'essai de 3 hectares étend ses massifs au pied de la dune; on y a tenté la naturalisation des essences qui peuvent vivre dans le sable pur et y acquérir une végétation suffisante.

Il y a au Pavillon une maison d'école pour les enfants du personnel, qui dénote bien les soins apportés par l'Administration jusque dans les détails de son œuvre.

Rejoignant la voie principale du tramway, on termine la traversée du Barachois, fraîche oasis dans la monotonie des dunes; on passe devant les maisons forestières de la Passe-Blanche, de Négreveaux et des Clônes, puis une bifurcation de la ligne conduit au poste forestier de la pointe Espagnole. De là on peut se rendre à pied jusqu'à la côte en traversant la dune littorale.

Quand vous avez franchi cette immense barrière de sable, vous êtes en tête à tête avec l'infini, dans la lugubre poésie de la mer. Il vous semble que vous êtes seul au monde; l'air que vous respirez n'a pas gonflé d'autre poitrine que la vôtre; toute la nature est à vous.

Et vous restez dans l'éblouissement devant cet océan grandiose, en pleine possession de sa sauvage beauté.

Tantôt il apparaît tout d'une pièce depuis les profondeurs de l'horizon, aux jours d'accalmie, comme gonflé seulement de sa respiration formidable et déferlant avec majesté; tantôt ses flots effrayants, au contraire, arrêtés pour la première fois depuis le Nouveau-Monde, bondissent avec une poussée de 12,000 kilomètres et retombent comme des cataractes d'abîmes.

Les marins n'approchent jamais de ces parages, quand une tempête monte, sans se demander s'ils rentreront au port. Si la tempête les atteint sans qu'ils aient un pilote, ils sont perdus.

Voyez plutôt les épaves qui couvrent la plage, les carcasses de navires arquées comme des ossatures de monstres, les ancres, les mâts jalonnant la côte, tombes anonymes de cette nécropole.

On a raconté la fantaisie macabre de ce gardien de l'ancien phare de la Coubre, qui avait recueilli les poulaines des navires naufragés et en avait entouré son jardin. C'était comme le congrès mortuaire de toute la terre. Un buste portait le nom de Montézuma, celui-là de Tippo-Saïb, cet autre de l'Ohio, ce dernier de la Troja.

Les roses du parterre fleurirent sur ces crânes de bois doré jusqu'à ce qu'une rafale, soulevant un jour le linceul mouvant de la dune, engloutit ce funèbre ossuaire dans un dernier naufrage.

Et cependant, malgré la tristesse répandue partout, cette mer barbare qui tonne éternellement met en vous une ardeur féconde, quelque chose de la force qui la gonfle elle-même, peut-être parce qu'elle est moins la pourvoyeuse de la mort qu'elle n'est la source de la vie, elle qui élabore des continents nouveaux jusque dans la tragique horreur des tempêtes.

La Côte Sauvage proprement dite s'étend de la pointe Espagnole, ou pointe d'Arvert, jusqu'à celle de la Coubre.

Le terminus du tramway se trouve au Galon-d'Or, dans la forêt de la Tremblade, proche de Ronce-les-Bains, séparé de l'île d'Oléron par ce Maumusson qui a toujours l'écume à la bouche et dont le mugissement emplit l'étendue.

Contraste frappant avec cette agitation perpétuelle des flots, on descend des wagonnets au milieu des bosquets verdoyants, ombreux et frais, dans le calme de la forêt dont la végétation puissante a définitivement vaincu *aujourd'hui* le danger que faisaient courir au pays les dunes mouvantes *autrefois*.

FIXATION DES DUNES.

LES TRAVAUX DE DÉFENSE CONTRE L'OCÉAN.

(CHARENTE-INFÉRIEURE ET VENDÉE.)

DÉPARTEMENT DE LA CHARENTE-INFÉRIEURE.

I. CONSIDÉRATIONS GÉNÉRALES.

Dans la chefferie de Royan, les travaux de défense contre les érosions de l'Océan ont été exécutés et continuent à l'être dans le massif de la Coubre et dans les îles de Ré et d'Oléron; dans ces dernières il ne se fait plus guère aujourd'hui que des travaux d'entretien des dunes littorales, aussi nous occuperons-nous uniquement ici de la première région, qui est de beaucoup la plus intéressante à tous les points de vue.

Les travaux faisant l'objet de cette notice ont été effectués sur les 29 kilomètres du rivage de l'Océan compris entre la Grande-Côte au sud et Ronce-les-Bains au nord.

A peu près à égale distance des deux extrémités se trouve la pointe de la Coubre, qui forme un angle aigu s'avançant vers le sud-ouest dans la mer. Les vents dominants, qui sont ceux du nord-ouest, de l'ouest et du sud-ouest, ont donc une prise énorme sur tout ce développement de côte.

Il résulte de cette situation, qu'autrefois comme aujourd'hui, les travaux ont toujours nécessité à la Coubre des efforts plus grands que partout ailleurs.

II. TRAVAUX EXÉCUTÉS PAR LE SERVICE DES PONTS ET CHAUSSÉES, DE 1824 À 1862.

Par application du décret du 14 décembre 1810, le Service des ponts et chaussées commença, en 1824, à fixer certaines parties des dunes de ce massif alors complètement mouvantes; lorsqu'en 1862 l'Administration des eaux et forêts fut chargée du service des dunes, il y avait 1,813 hectares de sables fixés par des semis de pins maritimes, groupés sur trois points principaux : Saint-Augustin (871 hectares), Bonne-Anse (494 hectares) et la Tremblade (448 hectares).

Le massif entier s'étendant actuellement sur 5,728 hectares, y compris les dunes littorales, on voit qu'en somme la majeure partie des dunes (3,915 hectares) restait encore à fixer quand le Service des eaux et forêts en prit possession; de plus, rien ou presque rien n'avait été fait sur le littoral en vue de préserver les plantations d'un nouvel ensevelissement par les sables venant de la mer.

III. TRAVAUX EXÉCUTÉS PAR L'ADMINISTRATION DES EAUX ET FORÊTS, DE 1862 À 1899.

1° *Construction de la dune littorale.* — L'Administration des eaux et forêts continua donc la fixation des sables au moyen de semis; parallèlement, elle entreprit les travaux de défense de la côte; en particulier, elle établit une dune littorale qui, comme on le sait, a pour but principal de retenir sur le bord de la mer les sables qui en proviennent, et de protéger ainsi contre eux les jeunes peuplements situés en arrière, vers l'intérieur des terres; elle sert aussi à les préserver contre les envahissements de la mer.

La dune littorale est l'instrument de défense par excellence dans toute région de dunes; si on la supprimait, ou si on cessait de l'entretenir, de nouvelles dunes naturelles se formeraient infailliblement et, poussées par les vents, recouvriraient successivement les forêts créées à grands frais, et, après elles, le pays entier.

La plus grande partie des travaux exécutés par le Service des eaux et forêts a été dirigée par M. de Vasselot, alors inspecteur à Royan, qui a déployé dans leur exécution autant d'activité que d'intelligence; entre autres, il créa 18 kilomètres de la dune littorale qui en compta plus tard 24.

Pour la former, on établissait sur la plage, parallèlement à la ligne de flot et à une distance d'environ 200 mètres, une palissade en planches indépendantes les unes des autres, d'une largeur moyenne de 0 m. 20 et séparées entre elles par un espace de 0 m. 03. Le sable, apporté par les vents, venait s'accumuler à la base de la palissade, passait sans grande vitesse par les intervalles ménagés à cette intention, filtrant en quelque sorte à travers cet obstacle qui lui était opposé, formait un bourrelet des deux côtés et la palissade s'ensablait peu à peu. On exhaussait ensuite les planches, de 0 m. 80 environ, au moyen d'une bascule à levier et à pince, et ces opérations se succédaient jusqu'à ce que la dune fût assez élevée pour offrir un abri efficace, et assez épaisse pour résister aux flots.

A la place de palissades en planches, ou concurremment avec elles, on employait fréquemment des clayonnages composés de pieux de 2 mètres de longueur environ, de 0 m. 20 de circonférence moyenne, enfoncés de 0 m. 50 dans le sol et distants de 0 m. 50 les uns des autres. Ces pieux étaient ensuite entrelacés jusqu'à 0 m. 50 au-dessus du sol, soit avec des branchages, soit avec des herbes de marais roulées en cordes de 0 m. 10 de diamètre. Quand ce premier clayonnage était chaussé par le sable qu'il arrêtait, on en établissait au-dessus un second de même hauteur, et ainsi de suite, au fur et à mesure des apports, jusqu'à ce qu'on fût arrivé à la tête du pieu. Alors, avec la bascule, on exhaussait les pieux et l'on recommençait à clayonner de nouveau.

Il fallait donner à la dune littorale la forme reconnue la plus favorable pour atteindre le double but que l'on se proposait, de protection des semis contre l'envahissement des sables et de défense contre la mer : le versant Ouest, celui vers l'Océan, fut établi en pente douce (20 p. 100 en moyenne) et celui d'Est eut l'inclinaison de la terre croulante; entre les deux, on établissait une plate-forme plus ou moins large, suivant l'épaisseur que l'on voulait donner à la dune. Nous appellerons *pente* de la dune littorale le versant doucement incliné; l'autre sera le *talus*.

Ainsi construite, la dune présente aux vents violents la surface la moins attaquable possible, permet à la mer de s'étaler plus facilement sur la pente sans l'affouiller, et donne aux plantations le meilleur abri, eu égard à sa hauteur. La dune fait, pour ainsi dire, l'effet d'une digue submersible, car ce n'est pas avec les moyens dont le Service des eaux et forêts dispose que l'on peut s'opposer par la force à la violence des flots.

Pour arriver à donner à la dune la forme convenable, on plantait en quinconces des touffes de gourbet, en avant de la palissade, sur toute la largeur que devait occuper la pente douce; cette largeur, proportionnelle à la hauteur de la dune, est égale à cinq fois cette hauteur pour 20 p. 100 de pente. Ces touffes étaient plantées d'autant plus rapprochées entre elles qu'elles se trouvaient plus près de la palissade. Par cette disposition, le sable était de plus en plus retenu à mesure qu'il s'avançait vers la palissade qui produisait, elle, le maximum d'effet de retenue. On obtenait ainsi la pente désirée.

Pour former la plate-forme, on plantait du gourbet en arrière de la palissade, sur la largeur à donner au plateau qui devait couronner la dune comme une *banquette*. Le sable étant peu à peu retenu par le gourbet, la dune élargissait progressivement son sommet et finissait enfin par prendre la forme désirée.

Sur les points où le sable ne s'accumulait pas facilement ou s'entassait irrégulièrement, on facilitait la formation de la pente en établissant des *épis*, perpendiculaires à la palissade, formés de clayonnages sur piquets; aussi des *contre-épis* s'appuyant sur les premiers et parallèles à la direction de la crête de la dune; les uns et les autres se terminaient souvent en *patte d'oie* pour éviter les affouillements par les tourbillons qui contournaient leurs extrémités. Des épis moins longs étaient aussi établis sur le talus pour arrêter les mouvements du sable sous l'action des vents de terre soufflant parallèlement ou obliquement à la palissade; ce talus reste nu ou est planté de gourbet clair.

Actuellement, pour élever une dune on emploie un procédé beaucoup plus simple et beaucoup plus économique. On plante verticalement et en ligne des fagots de branches de pin ou d'autres essences, garnis de leurs feuilles; en s'amoncelant autour de ces branchages, le sable produit un bourrelet qu'on augmente successivement au moyen d'autres rangées de plantations faites en avant ou en arrière des premières, jusqu'à ce que la dune présente avec la forme convenable l'épaisseur et la hauteur suffisante.

C'est la façon la plus générale de procéder quand l'apport de sable est abondant et quand on dispose, comme aujourd'hui, des branchages nécessaires à cette opération.

Ces rangées de branches s'appellent des *cordons*, simples ou doubles suivant qu'ils se composent d'une ou deux rangées très rapprochées. Pour les établir, on se sert de fagots ayant 1 mètre de longueur, que l'on place verticalement dans une rigole de 20 à 25 centimètres de profondeur, creusée dans le sol, puis on tasse le sable contre les branchages pour les maintenir.

Les cordons se font plus ou moins épais et plus ou moins rapprochés les uns des autres, suivant qu'on veut retenir une plus ou moins grande quantité de sable sur les points où ils sont établis. Un cordon complètement ensablé est dit *couronné*.

Bien entendu, tout en élevant la dune par ce procédé, on devra toujours faciliter la formation de la pente et de la plate-forme au moyen de plantations de gourbet effectuées comme si l'on employait une palissade.

L'abri que la dune littorale offre contre le vent de la mer aux végétaux croissent à l'est s'étend sur une zone large de dix fois environ la hauteur de la dune; cet abri permet à la végétation de maintenir immobiles les sables contigus à la dune, et de fixer ceux qui franchissent la dune sous la poussée des vents.

La hauteur que l'on donne ordinairement aux dunes littorales est de 10 mètres environ au maximum; plus élevées elles coûtent plus cher à établir et sont d'un entretien plus difficile, car elles donnent d'autant plus prise aux vents qu'elles sont plus hautes. Le plus souvent une hauteur moindre suffit amplement.

A la Coubre, la dune littorale de 1878 se composait de trois tronçons d'un développement de 18 kilomètres. L'un défendait toute la côte Ouest de Saint-Augustin, de la pointe de la Palmyre au Bréjat; l'autre, la côte Sud de Bonne-Anse, entre le sémaphore et le phare de la Coubre; le dernier abritait la côte d'Arvert, du roître des Bassets à la dune particulière dite *des Rochelais*.

On a profité de ce que la mer se retirait peu à peu sur certains points pour gagner du terrain, en construisant de nouvelles dunes littorales en avant des premières.

C'est ainsi que de la pointe d'Arvert jusque près de la pointe de la Coubre, le littoral est protégé par trois dunes élevées successivement en 1866, 1876 et 1888; ces trois dunes sont régulières et offrent des types parfaits de dune littorale, surtout aux environs de la pointe Espagnole. De même, à la pointe de la Palmyre, on trouve deux dunes parallèles bien établies et une troisième en formation (1879, 1882 et 1892).

Actuellement, le littoral de la Coubre est protégé par une dune littorale de 24 kilomètres de longueur, entre la passe de Maumusson, située un peu au nord de la pointe d'Arvert et la Grande-Côte; une seule solution de continuité existe, au Bréjat, sur 1 kilomètre et demi, et nous verrons plus loin quels sont les travaux de défense déjà exécutés sur ce point et ceux à prévoir pour l'avenir.

2° *Entretien de la dune littorale.* — Nous avons dit qu'une dune littorale de 10 mètres de hauteur offrait une protection suffisante; nous avons indiqué aussi les inconvénients provenant d'une plus grande élévation.

Or, à la Coubre, les différents tronçons offrent les altitudes moyennes suivantes :

De la pointe d'Arvert à celle de la Coubre, 7 mètres; de là au sémaphore, 13 mètres; de ce point jusqu'au Bréjat, la dune a une hauteur excessivement variable de 2 à 20 mètres (Requin) et à 30 mètres (Volcan); du canal de Tournegand à la pointe de la Palmyre, 5 mètres; et enfin, de cet endroit jusqu'à la Grande-Côte, 4 mètres.

Les hauteurs supérieures à celle que nous avons indiquée comme la meilleure (10 mètres) étaient nécessaires à certains endroits pour les motifs suivants. Le vent souffle fréquemment en tempête dans cette région; aussi les semis que l'on exécutait pour fixer les sables devaient-ils être protégés le plus loin possible dans les terres, d'où la nécessité d'un abri élevé, couvrant ainsi une grande étendue de terrain. De plus, les vagues ont toujours une grande force sur toute cette côte, et leur violence devient inimaginable pendant les tourmentes; il fallait donc que la dune offrît parfois une masse considérable pour résister aux lames, d'où une augmentation d'épaisseur et, par suite, de hauteur, ces deux quantités devant rester dans la proportion de 5 à 1, autant que faire se peut.

Les détériorations de la dune littorale proviennent surtout de l'action des vents et de celle de la mer; si la première est la plus commune, la seconde est la plus terrible. Ces deux causes de dégâts ont produit des effets absolument désastreux sur certains points de la Coubre.

Au Bréjat, nous avons dit que la dune littorale n'existait plus sur 1 kilomètre et demi environ.

Entre le Bréjat et le sémaphore, le Volcan et le Requin sont à pic vers la mer.

A la pointe de la Coubre et un peu au nord, on dirait une véritable falaise, un *roître*, ainsi qu'on appelle les pentes rapides dans le pays.

Entre la pointe de la Palmyre et l'extrémité Sud de la dune littorale, la pente vers l'Océan est beaucoup trop forte.

Enfin, partout où la pente Ouest est devenue trop forte, la crête de la dune a été plus ou moins dégradée.

Depuis 1843 il y a eu un atterrissement considérable à la pointe de la Palmyre; puis, lui faisant suite vers le nord, une érosion très accentuée existe jusqu'à la passe du phare, à 1 kilomètre environ après la pointe de la Coubre, sauf dans la partie immédiatement au sud de cette pointe, où l'on trouve un apport assez important; dans l'anse du Bréjat, l'érosion a nécessité, en 1878, le déplacement du poste forestier du Requin. De 1877 à 1899, la laisse des eaux s'est quelque peu rapprochée de la dune entre la pointe de la Palmyre et la Grande-Côte; elle s'en est au contraire, en général, légèrement éloignée entre la passe du phare et la pointe d'Arvert.

Si on se reporte à ce qui a été dit un peu plus haut sur le mauvais état de certaines parties de la dune littorale, on s'apercevra facilement que les parties détériorées correspondent aux érosions; les portions en bon état sont en arrière des atterrissements. Cela pouvait du reste se prévoir *a priori*.

Une dune littorale, pas trop haute, en bordure d'un rivage fixe, est, somme toute, facile à entretenir. Il suffit de maintenir en bon état les plantations de gourbet exécutées lors de sa construction, en conservant leur densité primitive sur les diverses parties de la surface de la dune; le sable du littoral, poussé par le vent, glisse alors sur la dune où il se répartit pour nourrir les touffes de gourbet; l'excédent passe en arrière et se répand dans les *lèdes* littorales; il n'y cause aucun dommage, car, n'arrivant que par petites quantités, il n'exhausse le sol qu'assez lentement pour que la végétation herbacée ou arbustive croisse au fur et à mesure de cet apport et le fixe.

Mais il n'en est pas de même d'une dune élevée longeant une côte variable, ce qui est le cas de celle de la Coubre sur presque toute sa longueur. Nous examinerons d'abord l'action du vent et nous décrirons les moyens employés pour faire disparaître les déformations qu'elle produit sur la dune.

Le vent accumule parfois le sable sur certains points et forme des gibbosités appelées *trucs;* cela se produit partout où un obstacle saillant s'oppose au glissement du sable soit sur la pente, soit sur le plateau de la dune; tantôt ce sont des touffes de gourbet trop épaisses qui constituent cet obstacle, tantôt ce sont des débris de bois ou de matériaux quelconques; ces trucs peuvent, à la longue, acquérir de fortes dimensions. Le vent, en s'engouffrant entre deux trucs voisins, creuse dans le sable un sillon profond, dénommé *siffle-vent* ou *sifflet*, qui finirait peu à peu par devenir une véritable tranchée éventrant la dune, si on le laissait s'accroître. Enfin, le vent produit aussi des tourbillons qui créent des excavations dans la dune; ces cavités sont appelées des *ventouses;* elles se produisent n'importe où sur la surface de la dune, et plus elles deviennent profondes, plus le vent a de prise sur leurs parois et augmente leur largeur et leur profondeur.

On évite la formation des trucs en éclaircissant les touffes trop épaisses de gourbet et en supprimant tout obstacle sur la dune; s'ils sont formés, on les écrête en arrachant le gourbet et en piochant fortement leur sommet, de façon à rendre au sable toute sa mobilité et à lui permettre ainsi d'être dispersé par le vent. Dès que le truc a disparu, on fixe le sol en plantant du gourbet plus ou moins serré, suivant le point de la dune où l'on opère.

On barre les siffle-vents en établissant d'un côté à l'autre une succession de cordons parallèles, et en plantant du gourbet en touffes serrées sur les parois; on arrête ainsi au passage le sable apporté par le vent; les cordons se couronnant, on en établit d'autres au-dessus, et le sillon se comble peu à peu. L'opération terminée, on plante du gourbet pour empêcher de nouveaux mouvements de sable.

Aveugler une ventouse consiste à retenir dans l'excavation le sable amené par le vent; on y arrive en plantant dans la cavité des fagots disposés en quinconces; on peut aussi établir des cordons perpendiculaires à la direction des vents dominants. Une fois le trou comblé, on plante du gourbet, qui fixe le sable. Si la ventouse est peu profonde, on l'aveugle par une couverture de branchages; dès qu'elle est ensablée on en fait une deuxième par-dessus et ainsi de suite; on termine, comme toujours, par une plantation de gourbet.

Lorsque ces déformations, trucs, sifflets, ventouses, ne font que commencer, on peut les faire disparaître en éclaircissant, en arrachant même, s'il le faut, complètement le gourbet partout où se produit une convexité; on plantera, au contraire, le gourbet d'autant plus serré que l'on voudra accumuler du sable dans une concavité.

En résumé, on peut toujours entretenir une dune en bon état au moyen de plantations de gourbet judicieusement réparties, de manière qu'elles arrêtent le sable dans les dépressions et qu'elles le laissent filer sur les reliefs, de façon à n'avoir que des plans bien réguliers ou tout au moins que de longues ondulations. Exception faite, bien entendu, pour les cas où la dune est attaquée et détériorée par les flots; le gourbet alors ne peut plus jouer aucun rôle.

Les avaries causées à la dune littorale par l'action de la mer sont bien autrement difficiles à réparer que celles dues aux vents.

Si la ligne du rivage est fixe ou à peu près, les vagues, lors des grandes marées, s'étalent au besoin sur la pente sans rien dégrader; les dégâts commis par les vagues pendant les tempêtes se produisent sous l'effet de courants obliques ou parallèles à la dune et se bornent généralement à une érosion légère du pied de la dune, à l'origine de la pente, qui se termine alors brusquement par un petit roître. Il suffit de quelques cordons pour retenir le sable et remettre les choses en état.

Si la brèche est un peu considérable, pour la combler on arrête le sable au moyen de fagots plantés en quinconces; souvent ces quinconces sont placés entre deux cordons, les uns complétant l'action des autres.

Mais si la laisse des eaux se rapproche de la dune d'une façon continue, il n'y a plus moyen d'employer les procédés ci-dessus. A chaque marée, en effet, les vagues viendront battre contre la petite falaise déjà créée et produiront des éboulements; le retour du flot entraînera le sable, tout en déchaussant cordons et quinconces, qui finiront par être emportés.

Dans ce cas, le seul remède consiste à fuir devant le danger en reculant la dune, et cela, autant que possible, jusqu'à ce que la naissance de la pente ne soit plus atteinte par les hautes eaux.

On conçoit facilement que, si la dune reste en place, l'érosion ne fera que s'accroître et finira par la détruire entièrement.

Pour reculer la dune, on établit un fort cordon sur le talus, un peu au delà du bord Est de la banquette, l'Océan étant à l'ouest; ce cordon formera la nouvelle crête de la dune vers la mer. On écrête ensuite le bord Ouest, en enlevant toute végétation et en piochant le plateau sur le quart environ de sa largeur. On plante le talus en gourbet serré, en arrière du cordon, et on éclaircit fortement celui du plateau.

Le sable, devenu mobile sur la crête Ouest, va couronner le cordon, en filant à travers le gourbet éclairci; cette crête va donc s'abaisser. Sous l'effet de la pesanteur, une partie de ce sable va glisser vers la mer. Ces deux mouvements du sable tendent à adoucir la pente.

Le talus va s'élever et s'élargir en arrière du cordon, le gourbet serré y retenant le sable; là va se former la nouvelle banquette.

Le cordon étant couronné, on en établit un second en arrière, et on continue, sur le talus, la plantation serrée de gourbet; on procède à un nouvel écrêtement en arrière du premier, et ainsi de suite.

Par le fait de ces opérations successives, la dune tout entière recule; la nouvelle pente s'établit sur l'emplacement du plateau, lequel est reculé sur celui du talus. Avec du temps et de la patience, on peut ainsi faire mouvoir une dune parallèlement à elle-même aussi loin que l'on voudra.

Ce travail de reculement de la dune littorale s'effectue actuellement dans la partie comprise entre son extrémité Sud, à la Grande-Côte, et les atterrissements de la pointe de la Palmyre; sur toute cette longueur, de 3 kilomètres environ, nous avons vu que, depuis 1877, la laisse des eaux s'était peu à peu rapprochée de la dune; elle a fini par l'atteindre et y a occasionné, depuis la fin de 1896, une érosion qui a rendu la pente trop accentuée.

Ce déplacement de la dune n'est pas toujours possible, ni nécessaire. Par exemple, les dunes du Volcan et du Requin (30 et 20 mètres d'altitude), absolument à pic sur la mer, s'en vont par tranches successives enlevées par chaque gros temps, sans qu'on puisse y remédier. Ces dunes sont excessivement larges, plus de 100 mètres d'épaisseur; elles constitueront donc longtemps encore une barrière matériellement infranchissable par les flots; il n'y a donc pas nécessité de les reculer si la chose était faisable. Or, ces dunes étant recouvertes, jusqu'à la crête, par des peuplements très complets et serrés de pins maritimes, le sable est absolument fixé et ces dunes sont forcément immobilisées. De même, la dune littorale bordant la forêt de la Tremblade, située à l'extrémité septentrionale du massif de la Coubre, est presque à pic; comme elle est très élevée, très épaisse et boisée jusqu'à la crête, il n'y a rien à y faire.

3° *Situation spéciale de la pointe de la Coubre.* — A la pointe de la Coubre, se coupent deux grosses dunes littorales, l'une, dune Sud de direction Ouest-Est, et l'autre dune Ouest, allant du sud au nord et formant un angle droit dirigée par suite vers le sud-ouest. Au point d'intersection se trouve un plateau d'une altitude moyenne

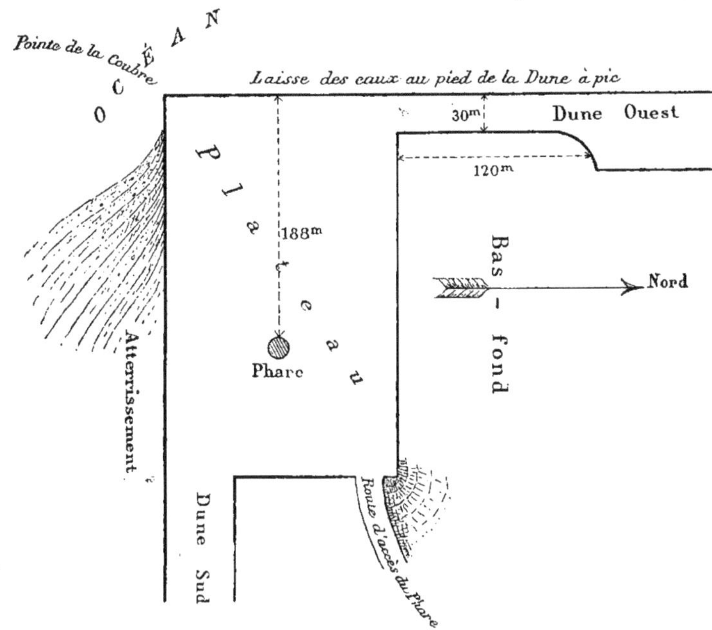

de 10 mètres, sur lequel a été édifié, en 1895, le phare électrique de la Coubre, le plus puissant de France après le phare breton d'Eckmühl, construit du reste plus récemment.

Ce plateau est soudé, dans ses parties Sud et Ouest, avec les dunes littorales; sur son front Nord, il est bordé par un bas-fond, à peine plus élevé que le niveau de la laisse des hautes eaux, qui se trouve du reste au pied du versant Ouest de la dune qui le sépare de la mer.

Nous avons dit déjà que, depuis 1843, une érosion très forte se produisait, d'une façon continue, à la pointe de la Coubre et vers le nord, tandis qu'un atterrissement s'accroissait sans cesse au sud; quelques chiffres donneront une idée exacte de la puissance de ces phénomènes. De décembre 1896 à octobre 1898, la pointe a reculé de 100 mètres, alors que pendant ce même laps de temps la plage Sud s'augmentait de 150 mètres par suite des apports; la seule tempête du 4 au 7 décembre 1896 a entamé la dune Ouest sur 15 mètres de profondeur et sur une longueur de 200 mètres vers le nord à partir de la pointe. En janvier 1899, 10 mètres de dunes furent enlevés à la pointe, et du 11 au 15 février, 9 mètres ont été encore emportés au même endroit.

Actuellement, la tour du phare n'est qu'à 188 mètres et les bâtiments à 135 mètres de la crête de la dune Ouest, dont le versant vers la mer est presque vertical, au point qu'il s'éboule continuellement sans même que les vagues en viennent battre le pied; *a fortiori* les éboulements se produisent-ils lorsque les flots se heurtent contre cette falaise de 15 mètres de hauteur à la pointe.

Le bas-fond qui se trouve au nord du phare a une largeur de 120 mètres le long de la dune Ouest qui empêche l'Océan de l'envahir; si la mer coupait la dune en face de cette dépression, les eaux viendraient battre le front Nord du plateau, l'affouillerait, et l'existence du phare serait alors sérieusement menacée. Or, à cet endroit, la dune n'a qu'une largeur moyenne de 30 mètres, mesure prise du pied du versant Ouest au pied du versant Est, et une hauteur de 8 mètres; la résistance qu'elle oppose aux fureurs de l'Océan est donc bien faible, surtout qu'étant à pic sur la mer elle offre une grande prise aux érosions. Au nord du bas-fond, la dune est suffisamment épaisse et a une hauteur de 20 mètres.

Le Service des eaux et forêts fait tous ses efforts pour renforcer cette partie de dune; mais il ne faut pas se dissimuler qu'il est impossible de lutter avec la mer en furie à moins de lui opposer des digues d'une hauteur et d'une largeur considérables, avec revêtement en maçonnerie à pente douce, comme celles qui ceinturent presque entièrement l'île de Ré, ou celle qui a été construite au commencement du siècle, à la pointe du Devin, pour protéger l'île de Noirmoutiers, et qui a coûté plusieurs millions. Ces travaux ne sont pas de la compétence de l'Administration des eaux et forêts, et il appartiendra aux Ponts et Chaussées d'y recourir, si, plus tard, le phare était plus menacé encore qu'il ne l'est en ce moment.

Les travaux en cours pour augmenter l'épaisseur de la dune dans la partie faible sont ceux exécutés pour reculer une dune en proie aux érosions : on arrête sur le talus, par des cordons et par des plantations de gourbet, le sable provenant de la crête. Ils s'effectuent aussi et en même temps sur toute la partie de la dune comprise entre la pointe de la Coubre et la passe Lisse, à 2 kilomètres vers le nord, dont le versant Ouest est presque à pic, dans le but d'adoucir la pente, afin de redonner, si possible, à la dune sa forme primitive.

4° *Travaux de défense exécutés au Bréjat.* — Le Bréjat est cette langue de sable, située entre les kilomètres 14 et 16,600 du tramway forestier, sur laquelle est établi le remblai de la voie ferrée, et qui met en communication la partie Nord du massif de la Coubre, comprenant les forêts de la Coubre et de la Tremblade, avec la partie Sud, composée des forêts de Saint-Augustin et d'Arvert. A l'ouest est l'Océan; à l'est se trouve un marais, dit *du Bréjat*, de plusieurs kilomètres carrés, qui est transformé peu à peu en vignes, terres arables et prés, et qui constitue une propriété particulière. Le sol du marais est au niveau moyen de la mer; il serait plutôt en contre-bas sur certains points.

Entre les kilomètres 15 et 16,600, l'État ne possède qu'une bande étroite de terrain dont la limite Est, parallèle à la voie ferrée, est seulement à 10 mètres du terrassement de cette voie.

Depuis 1843, la laisse des eaux s'est continuellement rapprochée de la ligne du tramway, au point de n'en être plus aujourd'hui qu'à une très faible distance.

Tous les ouvrages de défense exécutés depuis 1862 pour résister à cet envahissement progressif ont été successivement détruits par les tempêtes, les dernières en 1896. Nous allons les passer rapidement en revue.

Après que la première dune littorale formée au Bréjat eût été enlevée, on construisit une digue en fascinages qui, pendant l'hiver 1876-1877, fut soumise à une rude épreuve : affouillée par la mer d'un côté, attaquée de l'autre par les eaux du marais qui suintaient sous les fascines et désagrégeaient le sol, elle fut pendant un mois l'objet d'assauts multipliés; grâce au dévouement du personnel forestier, qui ne cessa de veiller pendant tout ce temps, réparant les avaries au fur et à mesure qu'elles se produisaient, la digue tint bon.

Après cette terrible épreuve, on établit, par surcroît de précaution, une seconde ligne de défense, à 75 mètres en arrière de la première; c'est la digue de 1877. On espérait que la dernière résisterait si l'autre était coupée.

Le tout fut emporté, le 28 octobre 1882, par une tempête inouïe. Au lieu de la lutte opiniâtre et longue de 1876, ce fut une attaque imprévue de l'Océan, soudain au paroxysme de la rage et soulevé tout entier dans un cyclone. En moins d'une heure, le remblai du tramway avait trente-deux brèches et le marais fut inondé.

Dans le but de protéger la voie ferrée, on a exécuté, en 1882, sur le côté Ouest du remblai, un revêtement, de 200 mètres de longueur, formé par de gros blocs de pierres; la dépense a été considérable sans donner de résultats satisfaisants. Les blocs sont soulevés dans les fortes tempêtes et emportés à de grandes distances, en occasionnant des dégâts sérieux.

En dernier lieu, en 1885, la côte fournissant un peu de sable, on tenta de construire une dune littorale à 50 mètres environ du remblai; plusieurs fois détruite et reformée, cette dune, encore inachevée, fut complètement enlevée à la fin de 1896. On ne doit pas songer à recommencer ce travail, car la plage est tellement réduite qu'elle ne pourrait plus fournir les matériaux d'une nouvelle dune, qui, d'ailleurs, aurait le sort des précédentes.

Il était cependant de toute nécessité de faire des travaux en vue d'amoindrir, autant que possible, les érosions qui se produisaient au Bréjat. Depuis la disparition de la dune littorale, la région, sur ce point, n'était plus protégée contre les envahissements de la mer que par le remblai-digue sur lequel est placée la voie ferrée. Or cette digue n'était pas suffisamment épaisse pour résister aux flots qui viennent la battre, lors des grandes marées ou des tempêtes, depuis qu'elle n'était plus garantie par une dune; en même temps que la dune a été enlevée, en 1896, le remblai fut coupé en dix endroits d'une longueur totale de 218 mètres.

En outre, nous l'avons déjà dit, la ligne ferrée assure les communications entre les deux parties Nord et Sud des dunes de la Coubre; aucune autre voie ne permet les transports entre les deux; il est donc absolument indispensable de la maintenir à tout prix.

En conservant cet ouvrage, l'Administration des eaux et forêts prendra soin de ses propres intérêts, tout en sauvegardant les intérêts généraux de la contrée.

On a donc commencé, en 1897, par élargir la digue sur toute sa longueur, qui est de 626 mètres. La largeur, qui n'était que de 6 mètres à la base et de 3 mètres au niveau des rails, a été augmentée de 4 mètres; elle a donc maintenant 10 mètres à la base et 7 mètres au sommet. La hauteur au-dessus des terres placées en arrière est de 1 mètre. Du côté de la mer, le sable, apporté par les vagues et les vents le long du remblai, forme sur presque toute sa longueur une pente très douce et presque uniforme, allant du sommet de la digue jusqu'au «brise-lames» établi à 33 mètres en avant, à la laisse des eaux ordinaires; on a ainsi obtenu une véritable digue submersible offrant une grande résistance à la rupture.

Cette digue est protégée par un brise-lames, situé comme il est indiqué plus haut, et par des plantations de tamaris et d'arroche de mer effectuées entre le brise-lames et le remblai.

En 1897, on construisit un premier brise-lames, long de 301 mètres, composé de pieux placés en quinconces suivant douze rangées parallèles au rivage, et distantes de 1 mètre; dans chaque rangée, les pieux sont à 2 mètres d'intervalle. Son établissement a coûté 2,852 francs.

Les pieux, de 4 mètres de hauteur et de 0 m. 15 de diamètre, sont enfoncés à 1 m. 50 dans le sable, au moyen d'une sonnette manœuvrée à bras d'hommes et placée sur un wagon-plate-forme roulant sur une voie portative que l'on déplace au fur et à mesure de l'avancement des travaux.

Un second brise-lames, établi en 1899, sur 430 mètres de longueur, à la suite du premier, a nécessité une dépense de 3,185 francs. Il est composé également de douze rangées de pieux à 1 mètre de distance l'une de l'autre; mais dans toutes les rangées les pieux ne sont pas au même intervalle. Dans les cinq premières vers la mer, les pieux sont à 2 mètres de distance; dans les quatre suivantes, à 1 m. 50; dans les trois dernières, à 1 mètre. On a pensé, par cette disposition, arriver à mieux briser la force des vagues; on leur oppose ainsi, en effet, successivement et progressivement au fur et à mesure qu'elles traversent le brise-lames, une plus grande quantité de pieux contre lesquels elles annihilent peu à peu une bonne partie de leur violence.

L'expérience a montré que les tamaris en massif forment une bonne protection contre les lames, dont l'effort vient s'y briser partiellement. De vieux mas ifs de tamaris bordant, vers la mer, la voie ferrée sur certains points du Bréjat, l'ont empêchée d'être coupée dans la partie qu'ils protègent.

Aussi a-t-on complété la défense de la digue en effectuant des plantations de cet arbrisseau sur toute la surface du sol, entre les brise-lames et le remblai; on a planté de l'arroche de mer là où le terrain trop sec n'aurait pas permis de vivre au tamaris.

Le système de protection exposé ci-dessus, basé sur l'emploi combiné des batteries de pieux formant brise-lames et des plantations de tamaris, a donné de très bons résultats jusqu'à présent; depuis son emploi, en effet, la mer n'a causé aucune avarie à la digue.

IV. TRAVAUX À EXÉCUTER DANS L'AVENIR.

Il est bien difficile, sinon impossible, de prévoir longtemps à l'avance les travaux à exécuter pour la défense du littoral de la Coubre contre les envahissements de l'Océan.

Les érosions nous semblent dues aux déplacements des nombreux bancs de sable, souvent considérables, qui obstruent en partie l'embouchure de la Gironde, distante de 25 kilomètres environ de la pointe de la Coubre, laquelle est à peu près à égale distance des deux extrémités de la dune littorale.

Ces bancs limitent les deux seules passes praticables pour pénétrer dans le fleuve, dites *passe du Nord* et *passe du Sud*. Or, quelques-uns se rapprochent sensiblement de la côte, en particulier en face du Bréjat et de la pointe de la Coubre.

Lorsque le flux précipite les eaux marines dans l'estuaire girondin, il s'établit des courants Nord-Sud très rapides dans les parties placées entre les bancs de sable et le rivage; ces courants deviennent de plus en plus forts au fur et à mesure que l'espace où ils s'engouffrent devient plus étroit par suite du rapprochement des bancs de sable vers la côte.

Le reflux forme également, dans les mêmes parages, des courants Sud-Nord; mais ces courants sont bien moins puissants que ceux dus à la marée montante; le volume des eaux fluviales n'est en effet pas comparable à celui qui lui est opposé par l'Océan, et contre lequel il vient se heurter au moment du jusant.

Les courants actifs sont donc ceux allant du nord au sud. Ils partent du pertuis de Maumusson, où ils ont une violence inouïe, et, suivant une marche parallèle à la côte, mais au large, n'y causent aucun dommage. Ils viennent rencontrer les bancs de la Mauvaise, du Demi-Banc et de la Coubre, placés au nord-ouest et près de la pointe de la Coubre, ce qui les force à se rapprocher considérablement de la côte; ainsi s'explique l'érosion de la dune, à la pointe de la Coubre et un peu vers le nord.

Filant droit au sud, les courants se brisent sur le Grand-Banc et sur la Barre à l'Anglais; le ralentissement de leur vitesse provoque le dépôt des matériaux qu'ils charrient, d'où l'atterrissement du sud de la pointe de la Coubre; les apports y sont sensiblement proportionnels au cube de sable enlevé au nord. Ces bancs rejettent les courants vers l'est, en leur imprimant un mouvement circulaire, parallèle au rivage de l'anse du Bréjat, qui affecte cette forme, d'où une érosion bien marquée.

Lancés dans la direction Ouest, les courants se butent contre les bancs de Monrevel et de Terre-Nègre, qui les font aller à nouveau vers le sud; ralentis par ces bancs, ils forment les atterrissements de la pointe de la Palmyre, et, reportés vers le rivage, ils rongent la partie de la dune littorale comprise entre cette dernière pointe et la Grande-Côte.

On conçoit facilement que tant que les bancs de sable continueront à se déplacer dans le même sens, les courants produiront les mêmes effets sur les mêmes points du littoral. Mais si leur marche vient à se modifier, il peut y avoir érosion là où il y a aujourd'hui atterrissement et réciproquement.

Or, rien, en général, ne permet de prévoir de changements à l'état actuel.

Cependant, au Bréjat, l'érosion semble, depuis deux ans, diminuer très légèrement dans la partie la plus proche du canal de Tournegand, et s'accentuer au contraire en remontant vers les dunes du Requin et du Volcan. Si ce phénomène continuait à se produire, il y aurait espoir de sauver le Bréjat des empiètements de l'Océan, et si un atterrissement s'y formait on pourrait peut-être reconstruire la dune littorale. On devra, en tout cas, entretenir soigneusement la digue, le brise-lames et les plantations de tamaris. Il sera bon même de prolonger le brise-lames vers le nord.

A la pointe de la Coubre, la situation nous paraît empirer de jour en jour, vu l'augmentation constante de l'intensité de l'érosion. Le Service des eaux et forêts ne peut qu'y continuer les travaux en cours; s'ils ne suffisent pas à protéger le phare, les Ponts et Chaussées auront à voir s'ils entreprendront la construction de digues en maçonnerie pour résister à la mer, où s'ils déplaceront le phare.

Le déplacement du phare coûterait, nous a-t-on dit, environ 400,000 francs; l'établissement d'une digue maçonnée, chose certainement très faisable, dépasserait de beaucoup ce chiffre. De plus, nous ne croyons pas que cette défense puisse résister longtemps.

Les courants, en effet, non seulement rongent la dune, mais décapent en quelque sorte la plage, dont le niveau baisse, lentement il est vrai, mais constamment; une digue puissante pourrait évidemment résister à la violence des flots, mais comment se maintiendrait-elle lorsque, par suite de l'affaissement de la plage, ses fondations étant peu à peu mises à nu, les eaux viendraient en affouiller les dernières assises?

Nous craignons que ce phare ne puisse pas être maintenu à son emplacement actuel, fort mal choisi du reste au seul point de vue, bien entendu, du danger provenant des érosions qui, nous le répétons, n'ont fait que progresser depuis 1843. Ce danger avait été pourtant signalé par les agents des eaux et forêts lors du projet de construction d'un phare à la pointe de la Coubre.

Le changement des courants pourrait seul, à notre avis, remédier à la situation; mais de cela personne n'est maître.

DÉPARTEMENT DE LA VENDÉE[1].

(CHEFFERIE DES SABLES-D'OLONNE.

I. GÉNÉRALITÉS.

Les dunes littorales de la Vendée ont une longueur de 100 kilomètres, entre l'embarcadère de Fromentine au nord et la pointe d'Arçay au sud; elles ont un développement de 23 kilomètres dans l'île de Noirmoutiers.

Tant dans cette île que sur le continent, elles offrent le long du rivage quelques solutions de continuité. Toutes ne sont pas soumises au régime forestier, mais sont dans un état qui permet de répondre de tout danger d'envahissement par les sables, à condition de veiller à leur bon entretien.

Les dunes domaniales couvrent une superficie de 5,641 hectares, dont 3,943 hectares boisés, 1,640 hectares de dunes gazonnées et 58 hectares de dunes mobiles ou imparfaitement fixées.

Avant l'exécution des travaux entrepris pour la fixation des dunes mouvantes, les terres avoisinantes, qui sont à une très faible altitude, étaient menacées d'être envahies sous les sables mobiles. De plus, l'embouchure de certains cours d'eau pouvait être obstruée; deux entre autres, l'Auzance et le Payré, ont été particulièrement menacés, comme on le verra plus loin.

[1] Ce travail sur les dunes de la Vendée a été fait en collaboration avec M. Guilbaud, inspecteur adjoint des Eaux et Forêts, chef de service aux Sables-d'Olonne.

II. TRAVAUX ANTÉRIEURS À LA GESTION DE L'ADMINISTRATION DES EAUX ET FORÊTS (1808 À 1862).

Avant le décret de 1810, on s'était préoccupé de la fixation des dunes; une circulaire du directeur général des Ponts et Chaussées au préfet de la Vendée prescrivait, en 1808, de «faire des essais pour chercher à fixer les sables au moyen de plantations de diverses espèces d'arbrisseaux ou herbes vivaces et aréneuses (gourbet, tamaris, genêts, etc.)».

Ce ne fut guère, toutefois, qu'en 1836 que commencèrent les premiers travaux sérieux de fixation au moyen du pin maritime.

Lorsque le décret de 1862 confia la gestion de ces terrains à l'Administration des eaux et forêts, il y avait des massifs de pin maritime à Olonne, à Longeville et à la Tranche, sur une surface de 1,500 hectares, témoignant des efforts faits par les Ponts et Chaussées. Mais la dune littorale n'existait pas pour protéger ces plantations contre les ensablements.

III. TRAVAUX EFFECTUÉS PAR L'ADMINISTRATION DES EAUX ET FORÊTS DE 1862 À 1899.

Les semis de pin maritime furent continués par l'Administration des eaux et forêts, qui, de 1862 à 1899, boisa 2,443 hectares de sables et fixa 1,640 hectares de dunes par des gazonnements.

De plus, diverses essences furent introduites, soit en mélange avec le pin maritime, soit par massifs plus ou moins étendus, suivant les conditions de végétation particulières à chaque point : pin d'Autriche, pinsapo, chênes vert et rouvre, châtaignier, robinier faux acacia, érables plane, sycomore et champêtre, frêne, orme, aune, peupliers d'Italie et blanc de Hollande, enfin l'ailante.

Parallèlement à ces travaux, l'Administration des eaux et forêts s'occupa de créer la dune littorale qui, dans ses parties appartenant à l'État, présente les caractéristiques suivantes :

SITUATION DE LA DUNE LITTORALE.	LONGUEUR.	HAUTEUR AU-DESSUS des plus hautes marées.
	mètres.	
Noirmoutiers	13,400	1m00 à 6m00
Barbâte	7,000	2 00 à 3 00
La Barre-de-Mont	5,200	2 00 à 4 00
Notre-Dame-de-Mont	4,900	2 00 à 6 00
Saint-Jean-de-Mont	7,900	3 00 à 5 00
Saint-Hilaire-de-Riez	7,100	3 00 à 5 00
Brétignolles	4,000	3 50 à 7 00
Olonne, les Sables-d'Olonne et château d'Olonne	12,700	3 00 à 7 00
Saint-Hilaire-de-Talmont	3,100	4 00 à 6 00
Payré	2,000	3 00 à 5 00
Jard et Saint-Vincent-sur-Jard	3,300	4 00 à 7 00
Longeville	6,900	4 00 à 12 00
La Tranche	6,000	4 00 à 9 00
La Faute	8,400	1 00 à 18 00
TOTAL	91,900	

IV. TRAVAUX DE DÉFENSE À L'EMBOUCHURE DU PAYRÉ.

Les dunes du Payré sont situées sur la rive gauche de la rivière de ce nom, qui n'a qu'un parcours restreint et qu'un faible débit; ce cours d'eau se jette dans l'Océan au « Havre du Payré ».

Le sable nu de ces dunes particulières, soumises au régime forestier en vertu du décret de 1810, était mobile et menaçait de barrer le cours de la rivière et de rendre inhabitable le hameau du « Port de la Guitière ».

En 1896, la dune littorale était élevée, mais non fixée, et présentait de fortes pentes; en 1897, une tempête provoqua un apport considérable de sable qui forma une pente douce vers la mer; on en profita pour fixer immédiatement la dune par des plantations de gourbet.

Aujourd'hui, ces dunes sont gazonnées et boisées et n'offrent aucun danger.

V. TRAVAUX EFFECTUÉS À L'EMBOUCHURE DE L'AUZANCE.

L'Auzance est une petite rivière dont l'embouchure porte le nom de «Havre de la Gachère» et s'ouvre dans les dunes domaniales de Brétignolles. Elle a son histoire : sans remonter trop loin, en 1859, son cours fut arrêté par des ensablements. Elle parvint à faire brèche (C C E) à 700 mètres environ au nord de son premier lit (A A A). Aucun changement notable ne survint jusqu'en 1886. A cette date, son cours fut de nouveau obstrué, et l'Auzance se créa une autre embouchure (D D F) à 900 mètres environ encore plus au nord.

Les sables étaient très fins et par suite très mobiles; aussi, à la suite de tempêtes très violentes en 1887 et 1889, la mer ouvrit une brèche de 1,200 mètres de longueur environ, entre les points B et F, et l'Auzance se trouva avoir un débouché considérable par où les eaux, durant les fortes marées et les gros temps, envahissaient les terres, causant d'énormes dommages, au hameau de la Gâchère notamment.

SCHÉMA DE L'EMBOUCHURE DE L'AUZANCE.

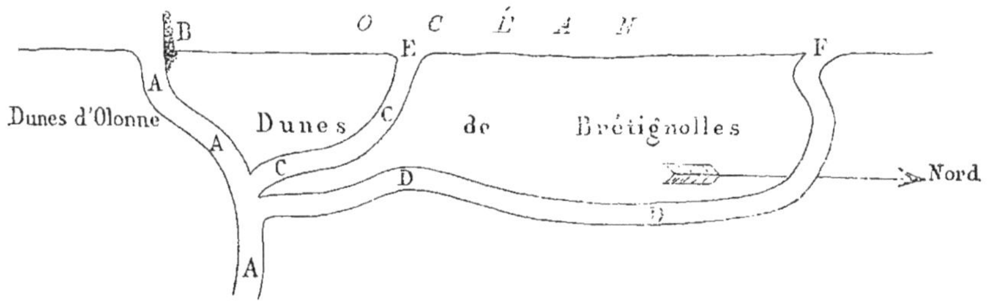

A A A. Cours primitif et actuel de l'Auzance.
B. Travaux en maçonnerie exécutés par le Service des ponts et chaussées en 1893-1894.
C C E. Cours de l'Auzance, de 1859 à 1886.
D D F. Cours de l'Auzance, de 1887 à 1891.

Il était urgent de remédier à cette situation et d'exécuter des travaux de défense.

Ces terrains appartenaient à un propriétaire qui ne voulut rien y entreprendre; l'État les acquit par voie d'échange en 1890.

On se proposa de rétablir artificiellement la dune littorale qui s'était formée jadis naturellement et servait de rempart contre l'Océan.

Pour y arriver, on établit, en 1890-1891, un fort clayonnage formé de deux rangées de pieux en quinconces entre lesquelles on plaça des fagots de pins, les uns au-dessus des autres jusqu'à la tête des pieux, disposés horizontalement et parallèlement au rivage; le tout fut solidement lié au moyen de fil de fer. Les pieux étaient très inclinés vers les terres pour donner moins de prise aux vagues.

Bien que très résistante, cette défense fut rompue en deux ou trois endroits; mais elle fut rétablie, et peu à peu ensevelie sous le sable.

Ce premier bourrelet servit de base, en 1892, à l'établissement de cordons de branchages destinés à reformer la dune littorale.

En même temps que ces travaux étaient effectués, on fixa les dunes voisines par des semis de gourbet, de luzerne et de pin maritime; on planta, derrière la dune, des tamaris qui ont parfaitement réussi.

Les sables retenus pour la formation de la dune littorale exhaussèrent entièrement la plage et obstruèrent complètement l'embouchure (F) de l'Auzance, dont les eaux refluèrent et durent s'écouler dans l'Océan par des canaux qui communiquent avec le port des Sables-d'Olonne.

De plus, les terrains situés en arrière de la dune littorale étant plus bas que le niveau des hautes mers, les eaux y séjournaient. Aussi, à la suite des chaleurs de 1892, une épidémie de fièvres paludéennes se déclara dans la région et fut la cause d'une mortalité exceptionnelle.

En 1893, le Service des ponts et chaussées entreprit de rendre à l'Auzance son ancien lit (A A A) et d'en protéger, au nord, l'embouchure par une petite digue en maçonnerie B; le tout fut terminé en 1894 et l'épidémie a disparu depuis.

L'Administration des eaux et forêts a continué les travaux d'exhaussement de la dune littorale, lesquels devront être poursuivis.

Actuellement cette dune présente les dimensions suivantes : 5 mètres de hauteur sur 44 mètres de base, du pied du talus à la naissance de la pente qui est très douce vers la mer.

L'ensemble des travaux, de 1890 à 1898, a occasionné une dépense de 31,242 francs.

Lors du rétablissement du cours de l'Auzance, en 1893, les Ponts et Chaussées creusèrent un chenal de 800 mètres de longueur, qui traversa la dune littorale; les berges en durent être maintenues, vu le peu de consistance du terrain, au moyen de gabions de pins maritimes, dans lesquels on plaça de grosses pierres.

Ce revêtement, efficace tout d'abord, ne tarda pas à disparaître, les bois des gabions ayant pourri et les pierres étant tombées dans le chenal qu'elles ont obstrué en partie.

Par suite, les berges se sont désagrégées; le canal va s'ensablant de plus en plus parce que la chasse des eaux n'y est pas assez forte pour pousser à la mer les sables et les pierres.

Tous les ans le Syndicat des marais de la région consacre des sommes considérables à rétablir l'écoulement des eaux.

Pour parer à cet inconvénient, on construit en ce moment, près du hameau de la Gâchère, un pont avec écluse de chasse; les matériaux qui viendront encombrer le chenal seront ainsi conduits jusqu'à l'Océan par le fort courant qui se produira chaque fois que l'écluse sera ouverte, après qu'on aura laissé les eaux s'accumuler en amont.

L'Administration des eaux et forêts a accordé une subvention de 10,000 francs pour la construction de ce pont, qui offre pour elle un double intérêt : d'abord, il y a tout lieu d'espérer que le cours de l'Auzance sera ainsi définitivement régularisé; puis ce pont sera utile à la desserte de la forêt domaniale d'Olonne, dont les produits auront un débouché plus facile que jadis vers le nord du département de la Vendée.

VIII. — Dunes de Brétignolles. Dune littorale.

VII. — Dunes du Payré. Dune littorale.

VI. — DUNES DE LA COUBRE. Brise-lame du Bréjat.

V. — Dunes de la Coubre. Dune littorale du Bréjat.

IV. — Dunes de la Coubre. La Bouverie. Centre de l'exploitation forestière.

III. — Dunes de la Coubre. Aunes et pins maritimes.

II. — Dunes de la Coubre. Semis, par bandes, de pin maritime.

I. — Point de départ du tramway forestier de la Coubre.

www.ingramcontent.com/pod-product-compliance
Ingram Content Group UK Ltd.
Pitfield, Milton Keynes, MK11 3LW, UK
UKHW012106240726
13965UKWH00004B/1575

9 782013 047937